探秘古代科学技术

古老伊甸园
美索不达米亚

【美】查理·萨缪尔斯 著

张 洁 译

中国中福会出版社

目 录
CONTENTS

4　　　探秘地图

6　　　这本书主要讲什么?

9　　　不可不知的背景知识

12　　美索不达米亚的河流和水渠

16　　美索不达米亚的农业与灌溉

20　　美索不达米亚人怎样用水?

24　　美索不达米亚人怎样制作陶器?

28　　美索不达米亚的建筑

32　　美索不达米亚的城市

36　　美索不达米亚的通天塔

40　　古代世界七大奇迹之一

　　　——巴比伦空中花园

44　　美索不达米亚人用什么样的交通工具？

48　　美索不达米亚人是如何发明轮子的？

52　　美索不达米亚的天文学和占星术

56　　美索不达米亚的文字

60　　美索不达米亚的数字和计量

64　　美索不达米亚的兵器和战争

68　　美索不达米亚的手工艺品

72　　美索不达米亚的冶金和采矿

76　　美索不达米亚人的服饰

80　　美索不达米亚人怎样治病？

84　　时间轴

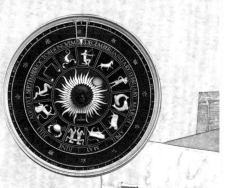

探秘地图

巴比伦（P29）

公元前 4000 年前的房屋（P11）

古代乌尔城（P34）

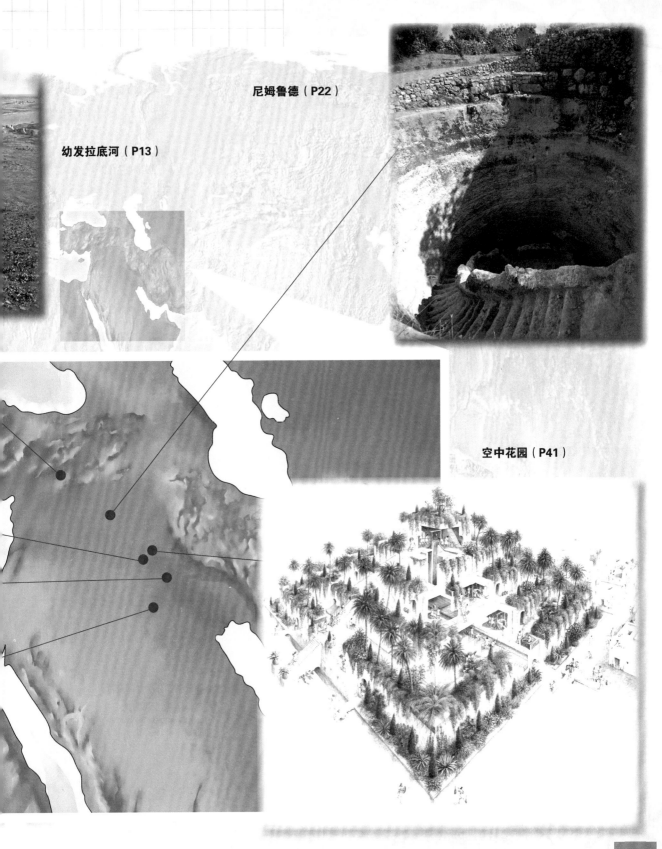

尼姆鲁德（P22）

幼发拉底河（P13）

空中花园（P41）

这本书主要讲什么？

　　美索不达米亚人居住在两河流域，他们缺乏很多重要的资源。比如，他们的木材资源很少，也几乎没有金属资源。但他们却有很多很多泥巴，这些泥巴来自底格里斯河和幼发拉底河河岸。他们用泥巴制成泥砖，建造了世界上最早的城市。他们还用泥巴制作泥板，留下了世界上最早的文字记录。凭借他们的智慧和技术，美索不达米亚人创造了世界上最早的城市文化。

　　由于美索不达米亚人大量使用泥巴来建造房屋，经过一段时间后，这些泥巴会逐渐干裂，因此，他们的房屋很少能保留下来。但是，他们的影响无所不在。美索不达米亚人不仅创造了最早的城市和文字，还是世界上最早使用轮子的人。他们最先使用"黄道带"这一概念，制定了世界上最早的历法。他们学会了铸造青铜器和铁器，还能够制作玻璃。

伊什塔门是巴比伦城的主要城门。为了敬奉城邦的主神伊什塔女神，巴比伦人将城门命名为伊什塔门。

黄道带 一个包含了 12 个星座的圆环。

历 法 用年、月、日计算时间的方法。

铸 造 把熔化的金属倒入模具中，做出金属的物品。

城 邦 一种政治单位，由一个强大的城市管理自身和周边领土。

政权的更迭

美索不达米亚并不是一个国家，这个名字表示的是位于底格里斯河和幼发拉底河之间的区域。从大约公元前 3500 年起，一连串不同的政权在这里兴起和衰落。根据大概的时间顺序，这些政权先后包括乌尔和乌鲁克、苏美尔、阿卡德、巴比伦和亚述。公元前 331 年，亚历山大大帝征服美索不达米亚后，美索不达米亚文明走向终结。本书将要介绍的是美索不达米亚各个时期所创造和使用的最重要的科学与技术。

不可不知的背景知识

　　美索不达米亚被誉为"文明的摇篮"，它取得了许多伟大的科技进步。在美索不达米亚人之前，生活在这里的是游牧民族，他们以狩猎和采集为生。他们居住在临时搭建的房屋中或是洞穴里。他们使用原始的石器工具，穿着用动物的皮毛制作的衣服。美索不达米亚人改变了这一切。许多后起的文明都吸收了他们的文化，并将其发扬光大。

　　美索不达米亚人建造了最早的城市。他们利用幼发拉底河和底格里斯河的季节性洪水，建立了水渠网络和灌溉系统，用来种植农作物。他们利用河里的泥巴，制作泥砖建造房屋，并制成黏土生产陶器。他们发现，地面上渗出来的沥青可以用作窑里加热的燃料。

最早的美索不达米亚人依靠狩猎和采集为生。从大约公元前 10000 年起，他们开始居住在圆形的房屋里面。

美索不达米亚的开拓者

在许多方面，美索不达米亚人都是先驱，他们自己创造了许多技术，比如，他们发明了文字，运用天文学知识制定了历法。不过他们也通过贸易和其他文明进行交流，比如和埃及人以及腓尼基人进行交流。美索不达米亚人不断和相邻民族交流思想，向他们学习先进技术，同时这些邻近民族也向他们学习。

水 渠 人工开凿的水道。

沥 青 一种有机化合物的混合物，黑色或棕黑色，呈胶状。沥青主要可以分为煤焦沥青、石油沥青和天然沥青。此处应为天然沥青，是石油在自然界长期受地壳挤压并与空气、水接触逐渐变化而形成的，以天然形态存在的石油沥青。

窑 烧制陶器或砖块的炉子。

腓尼基人 历史上一个古老的民族，生活在地中海东岸。

这是主要的生活区域，里面有做饭用的灶台

用于储存和筛选粮食的房间

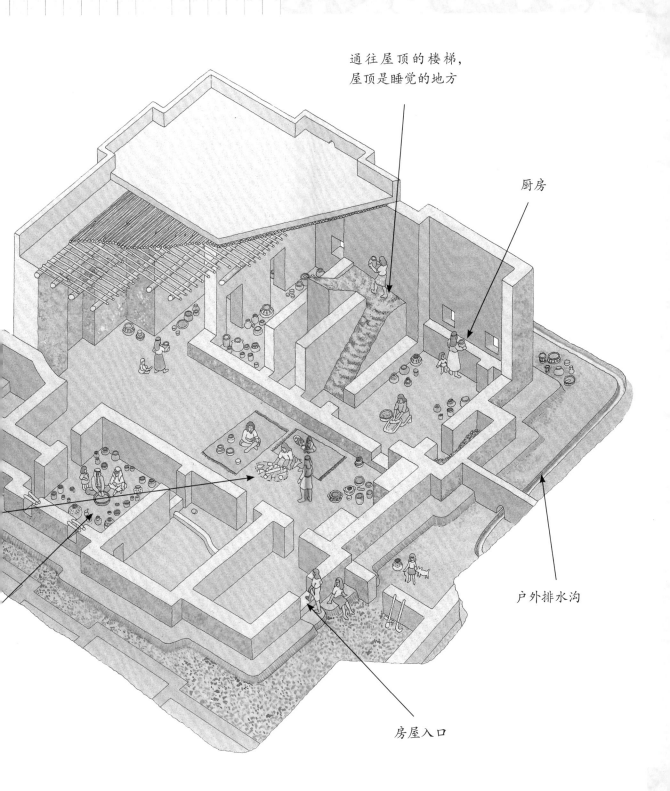

通往屋顶的楼梯，
屋顶是睡觉的地方

厨房

户外排水沟

房屋入口

美索不达米亚的河流和水渠

　　美索不达米亚的意思是"两条河流之间的地方"，这两条河流——底格里斯河和幼发拉底河是美索不达米亚文明的基础。美索不达米亚人用河水浇灌农田，用河岸上的泥巴做成泥砖，建造城市。但是预测这两条河流何时会爆发洪水却不是件容易的事情。

　　这两条河流通常会在每年 4 月到 6 月之间爆发洪水。有时候，一次特大的洪水会改变河道，冲毁沿岸的村庄。也有一些年份根本不涨水。在北部地区，降雨稀少，人们修建水渠，将河水储存在水渠里。

幼发拉底河流经一片荒芜的土地。和尼罗河不同，很难预测这条河流何时会爆发洪水。

水渠网络

　　为了储存水资源，工人们在沙漠里修建了几千条水渠。他们在靠近河流的地方修建土堤，将河水导流到水渠里。随着人口的增加，水渠网络也在扩大。这些水渠经常遭遇淤泥堵塞。工人们用铜铲清理淤泥，用芦苇编制的篮子将淤泥运走。

19世纪，商人们划着筏子在幼发拉底河上航行。几千年来，这个地区的人主要都是靠水路出行。

你知道吗？

① 底格里斯河和幼发拉底河的发源地在现今土耳其的山脉里。

② 底格里斯河的河岸比幼发拉底河的河岸更陡峭。

③ 底格里斯河比幼发拉底河的水流更急，因此较少遇到淤泥堵塞的情况。淤泥抬高了幼发拉底河的河床，因此它比邻近的底格里斯河的河床高。在巴比伦，河水沿着一条穿过城市的运河，从幼发拉底河流入底格里斯河。

④ 美索不达米亚北部的地貌特征是半干旱的沙漠。美索不达米亚人通过灌溉，将它变成了一片由沼泽、淤泥滩、潟湖和芦苇岸构成的区域。

⑤ 幼发拉底河和底格里斯河都流入波斯湾。

土 堤 用土所修筑的水堤。

运 河 人工挖成的可以通航的河。

沼 泽 水草茂密的泥泞地带。

潟 湖 浅水海湾因湾口被淤积的泥沙封闭形成的湖，也指珊瑚环礁所围成的水域。

尼罗河 一条流经非洲东部与北部的河流，每年7月到10月之间会爆发洪水，古埃及人可预测洪水，制订耕种计划，合理利用尼罗河河水。

美索不达米亚的
农业与灌溉

　　早在公元前 10000 年，美索不达米亚人就在靠近美索不达米亚边缘的丘陵地区开始了农耕，因为那里雨量充沛，适合农作物生长。但直到发明人工灌溉后，美索不达米亚人才在位于美索不达米亚中间地带的平原上种植农作物。农民们利用一系列的水坝来控制河水的流量。

　　早期的农民用小木棍或是锄头来翻土。大约在公元前 3500 年，美索不达米亚人发明了木犁。犁的出现改变了农耕。农民可以翻耕更多的土地，用于种植农作物，比如大麦。

这幅墙上的浮雕描绘农民们正在用镰刀收割大麦，另一些人在河流或运河里捕鱼。

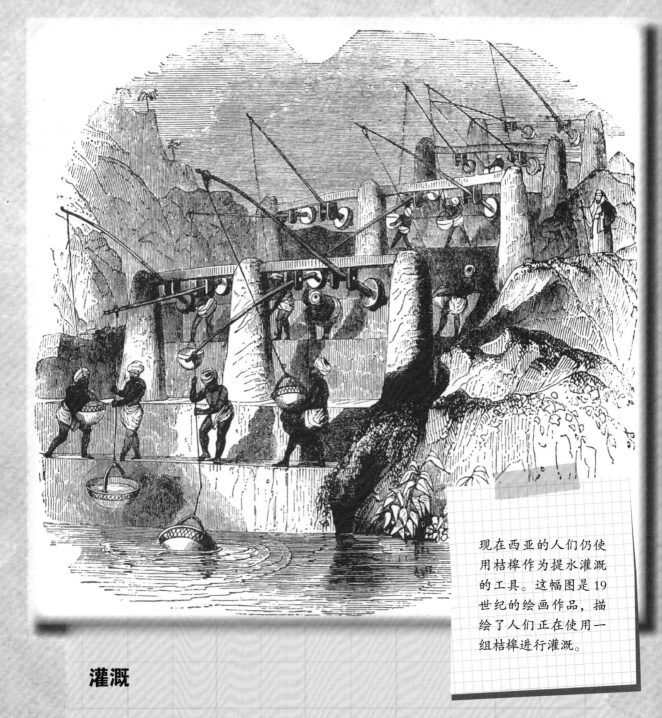

现在西亚的人们仍使用桔槔作为提水灌溉的工具。这幅图是19世纪的绘画作品，描绘了人们正在使用一组桔槔进行灌溉。

灌溉

　　灌溉系统是由一系列的水渠和堤坝组成的。美索不达米亚人通过桔槔将河水提升，浇灌到农田里。桔槔是一种工具，它将一个木桶装在一根木杆头上，这个木杆起到杠杆的作用。在公元前 2000 年以前，美索不达米亚人就发明了桔槔。后来古埃及人也使用这种工具。

你知道吗？

1. 靠近河流的土地肥沃、容易耕种，而远离河流的土地则干旱荒凉。

2. 中国人和美索不达米亚人发明犁的时间大致相同。

3. 法律规定所有的美索不达米亚人都有责任参与水渠的修整，或是开凿新的水渠。

4. 有些水渠至今已有 1000 多年的历史。

5. 农民用镰刀收割农作物。

6. 美索不达米亚典型的农作物有大麦、洋葱、苹果、葡萄和芜菁。

7. 对于农民来说，土地中含有的盐分是一个主要的问题。太多的盐分会导致农作物绝收。

丘　陵　连绵成片的小山。

犁　翻土用的农具，用畜力或机器牵引。

芜　菁　一年生或二年生草本植物，块根肉质，白色或红色，扁球形或长形，叶子狭长，有大缺刻，花黄色。块根可做蔬菜。

美索不达米亚人怎样用水？

美索不达米亚人发明了木制水车。至今这里的人们还使用相似的水车，称为庠水车，用以给机器提供动力。

古代美索不达米亚人懂得找到干净水源的重要性。绝大部分的水源来自于两大河流——底格里斯河和幼发拉底河，还有人造的水渠网络。大部分的城市都建在靠近水源的地方。其他城市依靠从山泉、水井、引水桥或是蓄水池获取水资源。

在尼姆鲁德，人们将水井挖到27.5米的深度。水井的作用在于即使在城市被敌人围攻的情况下，还是有办法获得干净的水。辛那赫瑞布国王下令用石头建造了一条长9.6公里的引水桥，通过引水桥将河水引到都城尼尼微，从而确保了尼尼微能获得持续不断的淡水供应。

这是尼姆鲁德遗址附近的一口古代水井，一条凿石而建的石梯顺延而下。

污水系统

在公元前 2000 年前，皇宫和有钱人的房屋里就都有室内厕所。这些室内厕所靠着一面外墙而建，地上有一个洞穴，洞穴上面有一个座位，洞穴下面连接着一根陶管。陶管连接城市道路地下的排水系统，将污水排放到河流中。

你知道吗？

1. 尼姆鲁德的水井一天可以提供约 1900 升的水。

2. 人们通过装在滑轮上的陶罐从水井里打水。

3. 尼尼微的引水桥是用变硬的泥巴建造的，并被涂上了沥青，使它具有防水性，两边则用石头围筑，河水可以从引水桥的表面流过，被引入城市。

4. 典型的浴室里铺设有烧制的地砖，上面涂着一层防水的沥青，如厕的洞穴上面有一个座位，人们用水壶装水冲洗便池。

5. 水车最早出现在公元前 4000 年。它们是最早不依靠动物或人力就能产生机械能的机器。

尼姆鲁德	指亚述古城遗址，建于公元前 13 世纪，位于底格里斯河河畔。
辛那赫瑞布国王	新亚述帝国皇帝，公元前 704 年至公元前 681 年在位，是新亚述黄金时期的一位君主。
水 车	以水流做动力的旧式动力机械装置，可以带动石磨、风箱等。

美索不达米亚人怎样制作陶器？

　　美索不达米亚缺少许多自然资源，比如石头、木材和许多种类的金属。但是它有很多黏土。美索不达米亚文明的基础是建立在黏土上的。黏土不仅用来制作锅具和容器，它还是美索不达米亚人发明文字和建造城市的基础。

　　早期的美索不达米亚人用手给黏土罐塑形，并将它们放在太阳下晒硬。大约公元前4500年，他们发明了陶轮。大约在公元前2000年，他们发明了一种用脚转动的陶轮，它能转动得更快。这意味着陶器制作的速度加快，能制作出陶壁更薄的陶器。从公元前1500年起，美索不达米亚人开始给陶器上釉。这使得陶器更结实，更具有防水性，也更有装饰性。

制陶工正在制作一个容器，他用手将盘绕的黏土条塑造成一个表面光滑的形状。其他的容器是将黏土放入模具中压制而成的。

泥砖

　　最早的砖块是用黏土和稻草的混合物制作的。这些砖块被放置在太阳下晒干后使用。美索不达米亚人不仅用泥砖建造房屋，还用它们建造耸立在城市中的通天塔。

一个工人正在一块泥板上滚动一个圆筒印章，这块泥板将会固定在这个储物罐上，用来说明储物罐的主人是谁。

你知道吗？

① 早期陶器的制作方法是用手将盘绕的黏土条，或是黏土厚片，塑造成一个表面光滑的形状。

② 陶轮使得陶器的陶壁厚度更均匀，气泡更少，因此在烧制的过程中不易破裂。

③ 在烧制陶器前，美索不达米亚人用小木棍、骨头、牙齿和贝壳在陶器上雕刻图案或文字。

④ 在发明釉之前，制陶工用光滑的石头摩擦陶器的外壁，使它具有一种哑光效果的光泽。

⑤ 上釉的刷子是用动物的毛发制作的。

陶　轮　制陶器时所用的转轮。

釉　一层薄薄地涂在黏土上的物质，能让黏土更有光泽。

通天塔　一种大型建筑，有很多层，每一层都比下面一层小。

圆筒印章　一个刻有雕像的石筒，将它在泥板上滚动，会留下一个图案，这个图案可以说明这个物品的拥有者是谁。

美索不达米亚的建筑

美索不达米亚的建筑结构取决于当地人能获得的建筑材料。在平坦的沙漠地区，特别是南部，树木稀少，不仅不能提供足够的木料，连石头也很少。但是有大量的泥巴，人们能将它们做成泥砖。同时，当地充沛的阳光能将泥砖晒干。泥砖是美索不达米亚地区最常见的建筑材料。

越有钱的人，建造的房屋就越大。有钱人的房屋高三层，有很多房间。所有的房屋都有用泥砖建造的厚外墙。外墙上不开窗。这有助于确保房屋的私密性，也有助于白天保持屋内凉爽。

到公元前 600 年时，巴比伦是世界上最大的城市之一。在那时，它已经有超过 1000 年的历史了。

在给砖块塑形的过程中，工人的手指在砖块上留下了压痕。

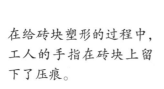

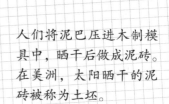

人们将泥巴压进木制模具中，晒干后做成泥砖。在美洲，太阳晒干的泥砖被称为土坯。

室内布置

在室内，所有的房间都围绕着一个中心庭院。这有助于保持室内凉爽。在可能的情况下，人们用棕榈树树干做房屋的屋梁。屋梁上覆盖一层用芦苇和棕榈树树叶编织的草席，草席上涂抹一层泥巴，这样可以使表面密封防水，并使它更平整。

你知道吗？

1. 泥砖是用手工制作的。工人们将泥巴和切碎的芦苇或是动物粪便混合，放入模具中制作泥砖。

2. 砖块通常放在太阳下晒干。有些砖块在高温炉子里烧制而成，这样能使它们防水。烧制的砖块用来建造公共建筑，而不是民居。

3. 在乌尔，建筑工人用自然界中的沥青作为黏合剂，将砖块砌在一起。

4. 泥浆也能起到灰浆和灰泥的作用，用来涂抹墙面，使墙面更平整。

5. 如果有木头，则用木头制作门。人们用黏土或石头建造排水道和门框。

美索不达米亚的城市

　　大约在公元前 4000 年，人类在美索不达米亚南部建造了世界上最早的城市。尽管在杰里科和恰塔尔土丘等地方也有更早的城市，但美索不达米亚才是世界上最早的真正的城市文明。到公元前 3450 年时，美索不达米亚大部分的人口居住在人口密集的城市里，城市的外围筑着围墙。

　　人们居住在城市的原因可能是因为他们需要水资源。人们需要通过合作来储存水和灌溉农田，因此他们需要群居。在公元前 3000 年以前，幼发拉底河曾经改道。许多村庄因此被废弃，越来越多的人涌进城市。

通天塔旁边的集市。在公元前7世纪钱币发明以前，人们用玉米当做钱币进行支付。

这座通天塔的废墟是古代乌尔城留下的全部遗迹。那些用泥砖建造的房屋都倒塌了。

泥巴建造的城市

大约在公元前2700年，美索不达米亚人建造了第一个重要的城市——乌鲁克。像其他城市一样，它有一道用泥砖砌成的城墙作为防护。城里没有石头建筑。每一座城市都有自己的统治者和神灵，城市里建造的通天塔就是用来敬奉这个神灵的。

你知道吗？

① 乌鲁克分为三个区域：住宅区、神庙区和花园区。

② 乌鲁克的通天塔是用泥砖建造的，在每一层砖墙上覆盖着一层芦苇或是草垫。

③ 大部分的城市街道是不铺设路面的。人们在路上倾倒垃圾和污水。当路上堆满了废弃物时，人们就在上面铺一层泥巴。路面高度不断上升，人们就修建台阶，以便通往自家门口。

④ 考古学家曾在乌鲁克发现了一个遗迹，可能是早期的排水系统。

美索不达米亚的通天塔

美索不达米亚的通天塔高耸在平原上，是城市中最宏伟的建筑。通天塔的形状像是金字塔，但是阶梯形的。通天塔是圣山的象征。大约在公元前 2000 年，美索不达米亚人建造了第一座通天塔。一些后来的文明也采用了这种建筑设计，比如古埃及文明就是如此。古代埃及人根据通天塔的样式，建造了他们的金字塔和神庙。

通天塔就是神庙。古代苏美尔人认为强大的神灵都住在天上。他们想要建造高大的建筑，以通往天堂。他们不知道怎么建造金字塔，所以他们只建造了一系列的平台。每一级台阶都比它下面一层的台阶小。

为了建造通天塔，工人们除了需要制作和运输泥砖，还需要运输芦苇。芦苇是铺设在每一层泥砖之间的。

重建乌尔的通天塔。巨大的石阶可以通往通天塔的顶部。

石头山

    在通天塔的顶部有一个神庙。人们在神庙里举行宗教仪式，敬奉神明。神庙的主要部分是用泥砖建造的，外墙则使用烧制的砖。人们用沥青砂浆将砖块砌在一起，以便起到防水和防风化的作用。

你知道吗？

① 第一座通天塔是由乌尔纳姆下令建造的，他在公元前 2112 年到公元前 2096 年之间统治乌尔。

② 沥青砂浆是美索不达米亚人最伟大的发明之一。它是用地面上渗出的石油沥青制作的。这是中东最早使用的石油。

③ 通天塔分有台阶和没有台阶的两种。

④ 通天塔是实心的，它的主要部分是用没有烧制过的泥砖建造的，外部则用一层烧制过的泥砖建造。这些烧制的砖通常是上过釉并带有色彩的。

⑤ 通天塔的阶梯上用种植在花盆里的花和植物做装饰。

⑥ 通过排水管将上面的水排走。

古代世界七大奇迹之一
——巴比伦空中花园

巴比伦
空中花园

提水的竖井

　　著名的巴比伦空中花园在 3000 年前就消失了。但人们从来没有停止过对这些花园的想象。据说国王尼布甲尼撒二世下令用泥砖建造了一座人造山，山上种满了大树和灌木。

　　建造者面临两个技术难题：如何给植物浇水？如何保持黏土砖的干燥？

举办皇室宴会的地方

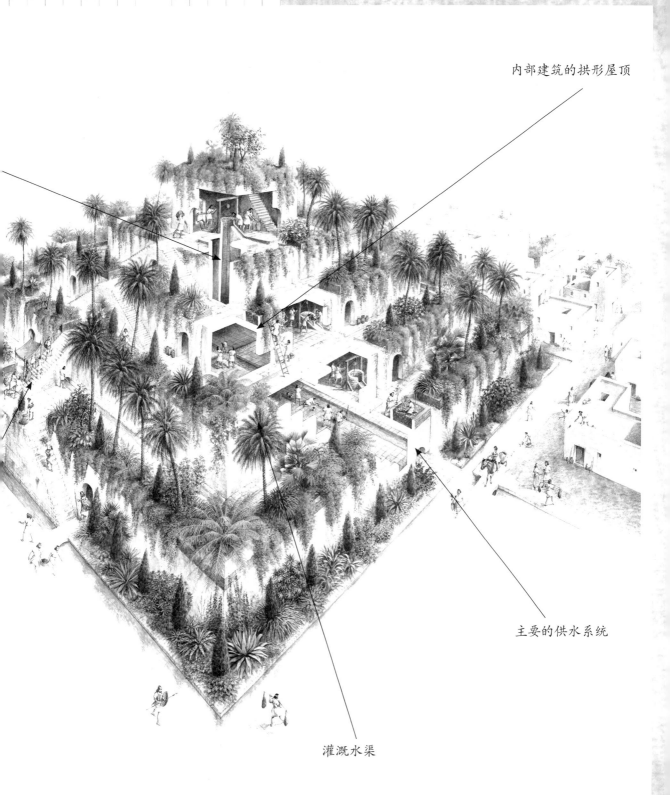

内部建筑的拱形屋顶

主要的供水系统

灌溉水渠

这是一个艺术家想象的巴比伦空中花园的样子，而事实上没有人知道它们真实的样子。

解决办法

考古学家认为水是取自于幼发拉底河。通过一台链式抽水机，将河水抽到花园顶部的一个水池里。将水池的闸门打开，把水输送到水槽里，这样就可以灌溉花园了。为了防止黏土砖变潮湿，人们将植物种植在花坛里，花坛下面铺设着石头、芦苇、沥青、瓦片和一层铅。这样就可以避免水渗出来损毁泥砖。

你知道吗？

1. 空中花园以拱顶或者柱子支撑每一层梯台。

2. 据说这些花园是用石板建造的，这在美索不达米亚很罕见。

3. 链式抽水机是将一连串的木桶系在一根链条上，这根链条则围绕在两个轮子上。下方的轮子位于一个水池里，当它转动的时候，木桶会浸入水中，将水输送到上方的轮子里。到达上方的轮子时，木桶里的水会全部倒出。

4. 有些记载描述了水是如何输送到空中花园顶部的。人们通过一种叫作阿基米德式螺旋抽水机的机械装置输送水。这种抽水机是通过一根螺旋杆在一根通向顶部的管道中旋转，把水输送上去的。

拱 顶　一种拱形结构，用于天花板或屋顶。

阿基米德螺
旋式抽水机　历史上第一个将水从低处传往高处的抽水机。

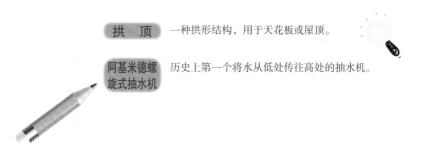

美索不达米亚人用什么样的交通工具？

在美索不达米亚，出行的最好方式是坐船。美索不达米亚人乘坐着船，在底格里斯河、幼发拉底河以及运河中航行，货船则在红海、印度洋和波斯湾中航行。

美索不达米亚的道路都是不铺设路面的，所以人们很少使用轮式交通工具。他们通常是利用滑橇来运输重物的。

现在的"沼泽阿拉伯人"仍旧使用具有防水性的芦苇船。他们也用芦苇来建造房屋。

这是一个乌尔的女王曾经使用过的滑橇的复制品。这种滑橇是靠两头牛拉着前进的。

造船

不同种类的船有不同的用途。苏美尔人造木船用于海上航行。阿卡德人建造了两种不同种类的船。一种是被称为"苦普（quppu）"的小圆舟，它就像一个圆形的篮子包着一层兽皮。人们乘坐着"苦普"在底格里斯河中航行。阿卡德人还使用一种叫做"卡拉库"（kalakku）的船筏。它是将一捆捆的芦苇扎在一起做成的，底部是充了气的山羊皮。"卡拉库"在河中顺着水流漂浮而下，抵达目的地后，人们就会把"卡库拉"拆掉，将山羊皮中的气放掉，让一头驴子驮着运回北方，以便下次继续使用。

你知道吗？

① 人们使用浮舟来解决过河的问题。浮舟是用芦苇和充了气的山羊皮做成的。

② 为了给山羊皮充气，需要将山羊皮的颈部以及三条羊腿处的开口紧紧地扎在一起。人们跳入水中，从第四条羊腿处吹气，使得整张山羊皮鼓起，能漂浮起来。

③ 在公元前 18 世纪，亚述军队的士兵配发的山羊皮，就是用于渡河的。在陆地上，运输货物靠的是搬运工、驴子和骡子。短途出行就乘坐轮式手推车。

④ 在乌尔王陵（大约公元前 2600 年）出土的船只和现在的"沼泽阿拉伯人"使用的芦苇船样式一样。这些船的船体上涂了沥青，因此能够防水。

美索不达米亚人是如何发明轮子的?

厚木板用托架固定在一起，并将它们锯成圆形

用钉子固定住木头托架

历史上很多文明都发明了轮子。最早的轮子可能是陶轮。大约在公元前 3200 年，古代美索不达米亚人发明了最早用于交通工具的车轮。许多考古学家认为一个文明的典型特征之一就是他们使用轮子的方式，这种轮子是可以在一个固定的轮轴上转动的。

早在公元前 3200 年，美索不达米亚的苏美尔人就在图画中描绘了手推车，它装着实心的车轮，车轮是用两块厚木板做成的：先将这两块厚木板用托架固定在一起，然后将它们锯成圆形，木头做的轮轴穿过车轮的中心，并用车轴销将它们固定。苏美尔人将这种车轮装在他们的战车上。

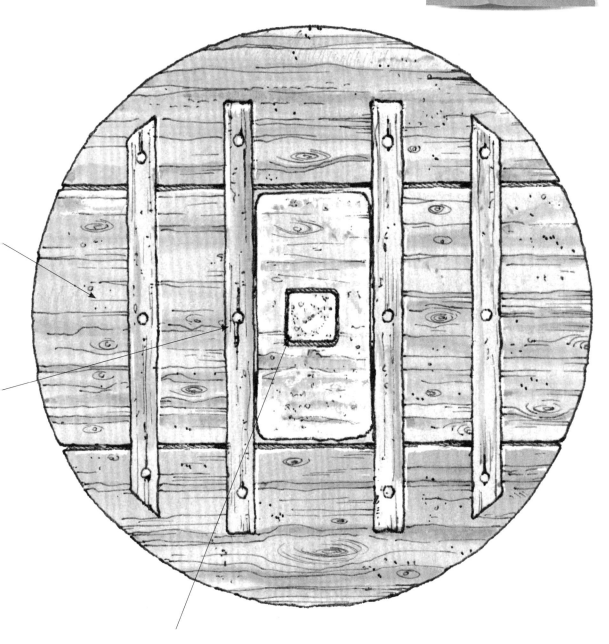

方形轮轴的插孔

改良车轮

　　到公元前 2000 年时，苏美尔人已经发明了辐条轮，用轮辐连接轮轴和轮辋。这使得战车更轻，更容易操控。

早期的陶轮是用手转动的。这种陶轮旋转缓慢，所以制作出来的陶器的陶壁都非常厚。

你知道吗？

①　除了应用在交通工具上，轮盘技术也应用在陶轮上，并且从公元前1世纪开始，也应用在水车上。

②　交通工具上车轮的原型可能是圆木，人们曾用圆木滚动滑橇以运输货物。当滑橇往前移动时，人们将滑橇后面的圆木滚轴拿走，再将它放在滑橇前。

③　制作滚轴和车轮需要高大的树木，这些树木在古代美索不达米亚并不常见。没有人知道这些木头是从哪里来的。

④　古代的埃及人采用了美索不达米亚人的车轮技术，并改进了这种技术。

车轴销　一个车轴末端的栓子，确保车轮在转动的时候不会脱落。

轮　辋　车轮周围边缘的部分。

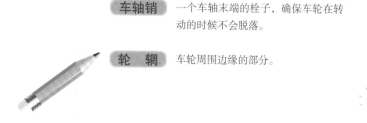

美索不达米亚的天文学和占星术

　　古代美索不达米亚人认为，通过观测天象可以预测未来。从公元前 2000 年开始，祭司们就观测夜晚的天象，记录行星和恒星的位置，以及月相的变化。通过对天象的观测，美索不达米亚人制定了历法。他们还最先使用"黄道带"概念，黄道带是建立在一群恒星（或称为星座）的基础上的。

　　通过对月亮的观测，苏美尔天文学家制定了太阴历。后来，巴比伦人能预测一些天文事件，比如日食。他们认为日食是一种不祥的预兆。亚述天文学家编制了一张恒星位置的列表。

美索不达米亚人最先使用的"黄道带"概念是建立在星座的基础上的。他们试图借助黄道带来预测未来。

美索不达米亚人认为"天"和地球上发生的所有事件之间都有着直接的关系。

黄道带

通过对天象的仔细观测，美索不达米亚人最先使用了"黄道带"概念。黄道带的出现标志着一种改变：原先观测天象是为国王或城邦预测未来的事，现在则变成为每一个人预测未来。到公元前 5 世纪时，美索不达米亚人已经创造出了圆形的黄道带，它包括了 12 个星座。这个圆形的黄道带共 360 度，每一个星座占 30 度。

你知道吗？

① 在尼尼微出土的一块泥板上记载了有关天文学的内容，它的历史可以追溯到公元前 700 年。

② 在苏美尔人的历法中，每年有 12 个月，每个月 30 天。为了平衡这部一年 360 天的太阴历和另一部一年 365.25 天的太阳历，他们每隔三年就在阴历中增加一些天数。

③ 一块公元前 4000 年前的苏美尔楔形文字泥板记载了一次肉眼可见的恒星大爆炸。

④ 目前已知最早的婴儿星象是给一个出生于公元前 410 年 4 月 29 日的婴儿算命。

⑤ 亚述天文学家用管子作为取景器，用水钟和日晷来测量时间。

⑥ 被云遮挡的日食，不被看作是不祥的预兆。

占星术	根据行星和恒星的运动轨迹而预测未来的能力。
太阴历	即阴历，以月亮的月相周期进行计算的一种历法。
日　食	一个天体遮挡住了另一个天体传播到地球的光。
太阳历	即阳历，以地球绕太阳公转的运动周期为基础而制定的历法。
楔形文字	一种用楔形的尖笔刻在泥板上的字符。
水　钟	根据等时性原理滴水计时的方法，有泄水型和受水型两种。
日　晷	利用日影测得时刻的一种计时仪器。

美索不达米亚的文字

在所有古代世界的发明中，文字是最重要的，它最早出现于苏美尔。文字的起源是因为苏美尔人想要记录下有关他们的牛、羊和农作物的账目。从公元前 3300 年开始，他们就在软泥板上画一些简单的图案作为记录。他们用一个公牛的头代表牛，用一支大麦穗代表粮食。

这些早期的图案后来转变为弯曲的线条，最后形成了楔形文字。这些楔形的字符很容易刻在泥板上。大约在公元前 3100 年，人们开始使用符号来表示声音和物体。这才形成了真正的文字。

楔形文字是楔形的。它指的是人们用尖笔刻在黏土上的符号的形状。

美索不达米亚人拥有大量的黏土，可以用来制作泥板。他们削尖芦苇秆制作成"笔"，用于刻写楔形文字。

字母表

在公元前 1700 年到公元前 1500 年之间，古代的巴勒斯坦和叙利亚出现了最早的字母表。大约在公元前 1000 年，美索不达米亚人创造了一套楔形文字的字母表。这套字母表包含了 600 多个楔形文字符号。文字最早是用来记录账目的，后来逐渐发展到书写文学作品、法律文书、符咒和食谱等。

你知道吗？

① 目前已知世界上最早的文字雏形记录可追溯到公元前 3000 多年前。它们刻写在一块在乌鲁克出土的泥板上。

② 早期的文字体系包含 700 多个不同的符号。

③ 人们将泥板文书装在一个泥板"信封"里面，这样别人就不能篡改泥板上的内容。楔形文字可以从左往右读，也可以从上往下读，取决于它的书写方式。

④ 商人们为了证明商品或交易是货真价实的，他们就用圆筒印章在软泥板上加盖一个图案。

美索不达米亚的数字和计量

　　为了计数，美索不达米亚人发明了两套数字系统。十进制是以数字 10 为基数的，这是我们今天仍然在使用的计数法。它的发明可能是因为人们最初是靠 10 个手指头计数的。六十进制的基数是 60。这就是我们现在的一小时包含 60 分钟的原因。美索不达米亚人还制定了重量、长度和容量的标准单位。

　　大约在公元前 3400 年，埃及人最早使用数字。大约在公元前 3000 年，美索不达米亚人最早使用了大于 10 的数字。美索不达米亚人用芦苇笔在湿润的泥板上刻写数字。在毕达哥拉斯出生前 1000 年，他们就用勾股定理计算出了三角形的面积。他们用 60 作为基数，计算出一个圆形有 360 度，每小时有 60 分钟，每分钟有 60 秒钟。

人们用鸭子形状的砝码来称重。当时人们用玉米作为货币，在交易过程中需要对它称重。

美索不达米亚人使用很简单的秤。无论人们给什么物品称重，它都是放在秤的一边，另一边则放着砝码。

标准砝码

大约在公元前 2000 年，乌尔人制定了重量的标准。商人和买主使用标准的砝码，来确保他们出售和购买的商品是用同一套重量标准衡量的。这种砝码用花岗岩制成，外形像鸭子。

你知道吗？

① 现存的泥板文书记载了学生进行运算练习的内容，还包括乘法运算表。

② 美索不达米亚人不使用数字 0。

③ 美索不达米亚人将 1 小时分成了 60 分钟，再将 1 分钟分成了 60 秒钟。

④ 美索不达米亚人将一天分成了白天 12 小时和晚上 12 小时（分别都是 60 的五分之一）。

⑤ 1 巴比伦里相当于现在的 11 公里。

十进制 一种记数法，采用 0、1、2、3、4、5、6、7、8、9 十个数码，逢十进位。

勾股定理 直角三角形两直角边的平方和等于斜边的平方。

砝码 天平上作为质量标准的物体。

美索不达米亚的兵器和战争

　　战争是美索不达米亚人生活中很重要的一部分。目前有记载的最早的战争发生在大约公元前 2500 年，是拉格什和乌玛之间进行的战争。城邦之间为争夺农田和水源而交战，人们建造城墙以保卫城市。苏美尔人建立了世界上最早的职业军队。

　　早期的兵器是以狩猎武器为基础、用木头和石头制造的。到公元前 4000 年，人们已经用铜来制作斧头、长矛和匕首。青铜兵器出现在大约公元前 2000 年，又过了 1000 年后，铁兵器才出现。

亚述的弓箭手和执矛
士兵站在城墙上面保
卫城市。攻城是城邦
之间常见的作战方式。

围攻城市

　　美索不达米亚人靠建造城墙来保卫城市。从大约公元前 1000 年起，为了攻占敌人的城市，军队使用攻城兵器，比如攻城槌和攻城塔。大约公元前 1500 年，美索不达米亚人开始在战争中使用最早的两轮马拉战车。这种战车彻底改变了战争的方式。

这幅浮雕描绘一辆用两匹马拉的战车，车上的弓箭手正在瞄准射击目标。战车使得弓箭手能在离敌人很近的地方射击。

你知道吗？

① 4000 年以前，美索不达米亚人就用马来运输军事装备。

② 士兵所穿的盔甲是将许多小小的青铜片像鳞片一样叠在一起，缝在束腰外衣上做成的。

③ 亚述人有骑兵部队。他们骑在没有马鞍的马背上，当时马鞍还没有发明。

④ 亚述军队有 5 万多个士兵，大部分是步兵。

⑤ 战车上配备了一名驾驶战车的士兵和一个弓箭手。

⑥ 阿卡德的萨尔贡大帝（约公元前 2335 年至公元前 2279 年在位）是第一位专门训练和装备职业军队的统治者。

| 攻城槌 | 古代用来撞击城门、城墙，以破坏敌城，从而达到攻城胜利的钝器。 |

| 攻城塔 | 攻城武器，塔体高大，塔下装有轮子，可以行进。在进行攻城战斗时，将它推近城墙边，士兵就能从塔顶平台直接跨到敌方城墙上。 |

| 两轮马拉战车 | 一种马拉的有两个轮子的战车，速度很快，用于战争。 |

美索不达米亚的手工艺品

美索不达米亚人善于制作手工艺品。他们不仅用泥土制作物品，还用石头、玻璃、金属、宝石和玉石来制作。石头和金属通常是进口的，但是美索不达米亚人有充足的燃料，可以将窑加热，将原材料烧制成耐用的物品。

根据楔形文字的记载，玻璃是在苏美尔时期出现的。实际上，目前还没有发现早于公元前 1500 年的玻璃。但是早在公元前 4000 年和公元前 3000 年，美索不达米亚人就用一些化学品做实验，比如石灰、苏打和硅酸盐。他们将这些化学品和一些矿物质混合，制作出了色彩鲜艳的玻璃。工匠们用玻璃制作容器、珠子、小雕像或是雕塑的一部分。

大约在公元前1400年，苏美尔时期的乌尔人制造了这些长颈的玻璃容器。

这个带有棱纹的玻璃容器出土于乌尔。它表面上过釉，装饰着彩色的几何图案。

石雕

　　美索不达米亚人是杰出的雕塑家。他们用大理石和石灰岩雕刻男神和女神的雕像。亚述人雕刻石板浮雕，用来装饰王宫。这些石像通常展现的是人物的侧面轮廓，描绘的情景通常是宗教仪式和一些神话故事中的场景。

你知道吗？

① 在玻璃冷却和变硬之前就要给它塑造形状。它可以被压成薄片、做成管状，或是放进模具中压制。

② 浮雕中刻画人像的方式取决于这个人物的重要程度。国王的雕像总是比他的朝臣们大，朝臣们的雕像又比其他人大。

③ 雕塑和浮雕用玉石点缀，比如工匠们用青金石做成蓝色的眼睛。

④ 珠宝工匠将金属薄片敲打成薄条状，用玛瑙和碧玉这样的石头做装饰，这些进口的石头价格非常昂贵。

美索不达米亚的冶金和采矿

包着蜡制模型的泥土模具

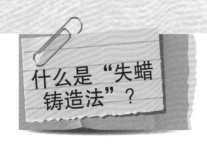

什么是"失蜡铸造法"？

在"失蜡铸造"工艺中，先用蜡制作好模子，然后用泥土包住模子，形成模具。将模具加热，这样蜡做的模子就会熔化并从小孔中流出来。这时将金属熔化成的液体倒入模具，填满"消失的蜡"留下的空洞。等它冷却、变硬后，打碎泥土模具，就可取出铸造好的物品。

美索不达米亚的金属矿床很少，但金属仍是非常重要的材料。古代美索不达米亚人进口矿石，从中提炼金属。为了进口矿石，美索不达米亚人和其他的古代文明开展了长途贸易，比如远在印度河流域的人。

铜在美索不达米亚是自然存在的。早在公元前 4000 年，工匠们就冶炼铜、制造铜器。这些铜可能产自美索不达米亚南部的提姆纳河谷。

大部分的物品都是用铜和砷的混合物（或称为合金）制造的。合金更容易铸造，也比纯铜更硬。铜一直都是很受欢迎的金属材料。直到在公元前 3000 年左右，苏美尔人学会了制造青铜。

金属熔化成的液体填满了
"消失的蜡"留下的空洞

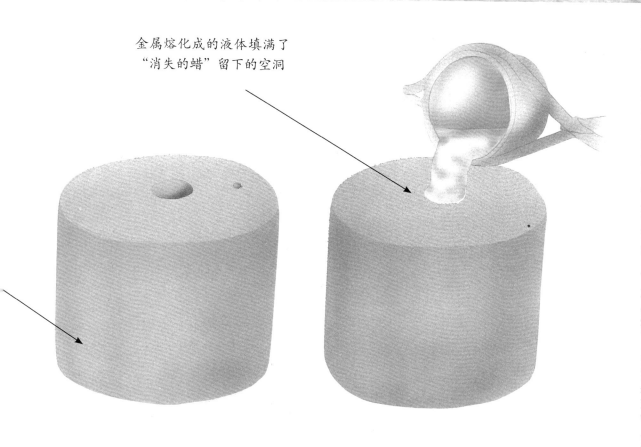

模具打开了

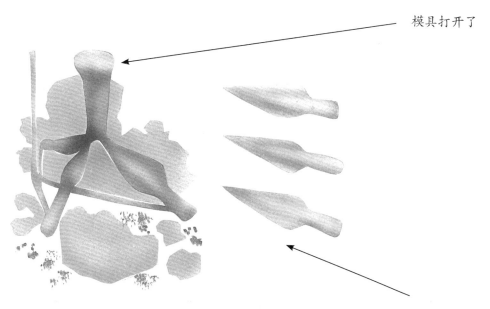

同时铸造好了三个箭头

青铜时代

  苏美尔人通过在铜中加入锡，制造出青铜。青铜的熔点较低，因此很容易将它铸造成各种不同的形状。它也更坚硬，保存时间更长，因此能用来制作更好的工具和兵器。美索不达米亚人也进口金、银和铅矿石，提炼后用以制造物品。他们发明了"失蜡铸造"工艺，可以铸造出更复杂的形状，比如雕塑、箭头、工具和其他兵器。

这个头盔是用琥珀金制作的，琥珀金是一种银和金的合金。金属工匠把银溶解了，因此它的表面看上去是金色的。

你知道吗？

1. 刀具需要刀片。制造刀片的方法是先在平坦的石头表面雕刻出刀片的形状，然后将铜熔化，倒入这个石头模具中。等铜冷却了，就可以把制作好的刀片拿出来。

2. 熔炉的作用类似于烧制陶器的窑。

3. 工人们用动物皮制成的风箱往熔炉中打气。这样熔炉中的火就会燃烧得更旺，铜就会熔化，变成金属液体。

4. 熔炉的燃料是沥青，沥青是从地面上渗出来的。

5. 美索不达米亚人用银来制造一种早期的货币。这种代用币的名称叫"舍客勒"，它并不是硬币，而是表示标准重量的铸锭。

美索不达米亚人的服饰

　　随着时间的推移，古代美索不达米亚人穿着的服装发生了变化，逐渐从用绵羊皮和山羊皮制成的衣服，转变成他们自己手工纺织的衣服，这些手工纺织的衣服上还装饰着刺绣和贴花。早在公元前 3000 年以前，美索不达米亚人就掌握了纺纱和织布的技术。主要的纺织材料是羊毛和亚麻线。

　　在苏美尔，最初人们直接把羊毛从绵羊身上扯下来，后来他们开始剪羊毛。男人通常穿着腰部束带的绵羊皮，长度到脚踝。女人们通常穿着一种宽松的外袍，和古罗马的"托加"长袍类似。

这幅雕像描绘一个妇女正在用简易的织布机织布。立式织布机发明于公元前 3000 年。

纺纱

　　妇女们用平织机将亚麻纤维纺成纱，织成亚麻布。后来发明了立式织布机，立式织布机上的陶瓷坠子能使纱线保持绷紧的状态。人们用立式织布机来纺织亚麻布。美索不达米亚人用动物提取物、植物提取物或矿物提取物给织好的布染色。

一个书记员正在清点商品。这些商品包括纺织品和锡，是由一个毛驴商队从伊朗运输到美索不达米亚的。

你知道吗？

1. 亚麻布只能用来制作高级服装，比如祭司穿的服装，或是穿在神的雕塑上的服装。

2. 毡是用压平的质量较差的绵羊毛或是山羊毛制成的，它的用途是制作鞋子。

3. 到公元前 3000 年时，美索不达米亚人已经发明了立式织布机。

4. 公元前 8 世纪时，尼姆鲁德的统治者下葬时穿着缝有贴花的衣服，或是缝着其他布片的衣服。

5. 在新巴比伦时期之前，没有关于裁缝的文字记载。这可能意味着在美索不达米亚历史后期，人们才将制作衣服视为一种专门的技能。

刺 绣 用有颜色的线在一块布上缝制一个图案。

祭 司 在宗教活动或祭祀活动中，为了祭拜或崇敬所信仰的神，主持祭典，在祭台上为辅祭或主祭的人员。

美索不达米亚人
怎样治病?

　　早在公元前 3000 年，医生就出现了。位于尼尼微的亚述巴尼拔图书馆是由亚述的最后一个国王亚述巴尼拔建立的，图书馆中收藏了许多楔形文字泥板，其中一些揭示了美索不达米亚人对疾病的了解情况，以及他们是如何治疗疾病的。这些泥板文书描述了两种医生：一种是阿斯普（asipu），另一种是阿斯尤（asu）。

　　阿斯普用巫术来治病。早期美索不达米亚人认为，一个人生病是因为他犯了罪，阿斯普尝试用魔法和符咒来驱逐病人体内存在的恶魔。如果他们不能治愈疾病，那么阿斯尤就用草药来给这个病人治病。

祭司们用符咒来治病。他们打扮成鱼的样子，认为这样就能向水神求助。

这块泥板文书罗列了疾病和药物的名称。药物是用植物提取物、矿物提取物和动物提取物制成的。

外科手术的记载

后来，美索不达米亚人意识到，疾病可能是由于某一些原因而引起的，比如吃了腐烂的食物，或是喝了太多的酒。一副距今已有 5000 年历史的骨架显示，这个人曾经做过一次外科手术，医生将他的部分颅骨切除，可能是为了减轻他头痛的症状。

你知道吗？

1. 美索不达米亚的宗教禁止解剖尸体。

2. 当时的医生认为管理情感的器官是肝脏，负责智力的器官是心脏。

3. 世界上最早的一部法典律——《汉谟拉比法典》（公元前1700年）规定，如果医生在外科手术中出了差错，就要受到截肢或死刑的惩罚。

4. 世界上最古老的医书写于公元前2100年。

5. 有些美索不达米亚治疗方法跟疾病呈现出的颜色有关：比如黄疸就要用黄色的药物来治疗。

6. 有一张用药记录上记载了230种药物。它描述了一种用药草和甜菜根、芜菁叶混合的草药，另外还有欧芹，用于内服或涂抹在皮肤上。

7. 在美索不达米亚文明消失后，医学知识停滞了2000年，直到古代希腊人将它进一步发展。

时间轴

美索不达米亚

约公元前 5000 年 农民从美索不达米亚北部地区搬迁移到南部平原地区。

约公元前 4000 年 南部的定居点开始发展成城镇，比如乌尔。

约公元前 3500 年 早期的美索不达米亚城镇发展成城市，城市里有密集的住宅区、皇宫和大型神庙。

约公元前 3200 年 美索不达米亚人发明了轮子。

约公元前 3100 年 乌鲁克出现了楔形文字。

约公元前 3000 年 金属工匠将铜和锡混合，制造出青铜，青铜用于制作工具和兵器。

约公元前 2750 年 在乌尔第一王朝时期，乌尔开始统治美索不达米亚，这段时期持续了 250 多年。

古代中国

约公元前 5000 年起 河姆渡文化出现用野生葛纤维织成的纺织物，是我国目前发现的最早的织物。

约公元前 4000 年起 广西桂林甑皮岩文化有布袋装尸的葬俗。

约公元前 3500 年起 红山文化的牛梁河村女神庙中发现中国最早的女神像。

约公元前 3300 年起 西藏卡若文化的先民已从事农业生产，饲养猪、牛等家畜。

约公元前 3000 年起 湖北屈家岭文化出现薄如蛋壳的小型彩陶。

约公元前 2900 年起 广东石峡文化栽培多种水稻，有籼稻和粳稻等。

约公元前 2500 年　目前记载的最早的战争，它是在两个美索不达米亚城邦——拉格什和乌玛之间进行的。

约公元前 2330 年　阿卡德的统治者萨尔贡国王征服了苏美尔。

约公元前 2112 年　乌尔纳姆国王建立了苏美尔第三王朝，摆脱了外来的库提人的统治。库提人已经征服了苏美尔和阿卡德。

约公元前 2095 年　舒尔吉国王统治乌尔，他下令建造了"大通天塔"。

约公元前 2000 年　来自东方的埃兰人征服了乌尔。美索不达米亚人用青铜制造兵器。

约公元前 2600 年起　河南龙山文化出现半地穴式单间方形、长方形或圆形建筑，也有地面连间房。

约公元前 2300 年起　陕西龙山文化出现一种长 10 厘米多的光面空心内模标本，这种用内模制造陶器袋足的方法，目前只见于陕西龙山文化。

约公元前 2200 年起　白羊村遗址出现长方形地面建筑，为木胎泥墙。

约公元前 2137 年　出现世界上最早的日食记录。

约公元前 2000 年起　甘肃齐家文化的冶铜发展突出，有很多红铜、青铜的器物和饰物。
甘肃玉门火烧沟出现彩陶埙，能吹出四个骨干音。

约公元前 1900 年 一群来自沙漠的亚摩利人征服了美索不达米亚的大部分土地，他们建造了巴比伦，作为首都。

约公元前 1792 年 汉谟拉比国王统治巴比伦，他征服了苏美尔和阿卡德，还有亚述的一部分地区。

约公元前 1783 年 巴比伦进攻并打败了乌尔。

约公元前 1600 年 大部分美索不达米亚地区都被外来民族占领，比如赫梯人和加喜特人。

约公元前 1570 年 加喜特人建立了王朝，统治了巴比伦将近 500 年。

约公元前 1500 年 美索不达米亚人发明了两轮马拉战车。
美索不达米亚人制造出了目前已知最早的玻璃。

约公元前 1000 年 美索不达米亚人开始制造铁兵器。

约公元前 1831 年 出现世界上最早的地震记录。

约公元前 1600 年起 夏商鸣条之战，商汤灭夏建立商朝。
河南偃师二里头出现我国已知最早的宫殿。

约公元前 1500 年 商代早中期都城——郑州商城的内城和宫城不晚于公元前 1500 年建造。

约公元前 1123 年 周武王伐纣，周朝建立。

约公元前 1000 年 有关天体理论的"盖天说"约形成于周初，主张"天圆如伞盖，地方像棋盘"。

约公元前 1000 年　美索不达米亚人在腓尼基人字母的基础上，创造了自己的字母。

约公元前 950 年　位于美索不达米亚北部地区的亚述人开始对外征战。最后在美索不达米亚建立了一个庞大的帝国。

约公元前 612 年　亚述帝国衰落后，巴比伦再次掌权。这个新的帝国被称作"新巴比伦帝国"。

约公元前 605 年　尼布甲尼撒二世统治巴比伦时期，建造了著名的"空中花园"。他还扩张了新巴比伦帝国。

约公元前 539 年　波斯国王居鲁士大帝征服了巴比伦帝国。

约公元前 331 年　马其顿国王亚历山大大帝打败了波斯帝国，统治了美索不达米亚。

约公元前 1000 年　西周天文历法已较发达，有关官吏职掌明确。

约公元前 827 年　周宣王废除奴隶在公田耕作、所得上交的制度，改为按人头征税。

约公元前 613 年　出现世界上最早的有关哈雷彗星的记录。

约公元前 606 年　楚庄王问鼎，有取代周室之意。

约公元前 539 年　已出现假肢。

约公元前 336 年　秦初开始统一铸造和使用铜币。

图书在版编目（ＣＩＰ）数据

古老伊甸园：美索不达米亚 /（美）萨缪尔斯著；张洁译. —— 上海：中国中福会出版社, 2015.11
（探秘古代科学技术）
ISBN 978-7-5072-2143-5

Ⅰ.①古… Ⅱ.①萨…②张… Ⅲ.①科学技术 – 技
术史 – 美索不达米亚 – 青少年读物 Ⅳ.①N093.77-49

中国版本图书馆CIP数据核字(2015)第267731号

 BROWN BEAR BOOKS   A Brown Bear Book

Devised and produced by Brown Bear Books Ltd,

First Floor, 9-17 St Albans Place, London, N1 0NX, United Kingdom

The simplified Chinese translation rights arranged through Rightol Media
（本书中文简体版权经由锐拓传媒取得 Email：copyright@rightol.com）

探秘古代科学技术
古老伊甸园·美索不达米亚

【美】查理·萨缪尔斯 著   张 洁 译

责任编辑：凌春蓉
美术编辑：钦吟之

出版发行：中国中福会出版社
社　　址：上海市常熟路157号
邮政编码：200031
电　　话：021-64373790
传　　真：021-64373790
经　　销：全国新华书店
印　　制：上海昌鑫龙印务有限公司
开　　本：787mm × 1092mm 1/16
印　　张：5.5
版　　次：2016年1月第 1 版
印　　次：2016年1月第 1 次印刷

ISBN 978-7-5072-2143-5/N · 2　　　定价 22.00元